野生動物搞笑日常3
原來牠們這樣生活！
用4格漫畫觀察四季生態

一日一種

人人出版

前言 4

春 Spring

- 春天是從腳邊前來 8
- 燕假人威 11
- 無人不知的周遭山菜 12
- 在早春現身的毛球 14
- 毛球是花粉的搬運工 15
- 梅花或櫻花？日本樹鶯或綠繡眼？ 16
- 「く」字形的長尾山雀 17
- 竹筍（孟宗竹） 19
- 天空是演唱會舞台 20
- 熊蜂不可怕 21
- 摸蛤仔撿貝殼時的生物網 22
- 鷸鴴類與文蛤 23

夏 Summer

- 種子上的謎樣物質 25
- 鳥兒的各種育雛方式 28
- 四片葉子的三葉草 29
- 經常跟三葉草搞混 30
- 吃三葉草的蝴蝶 31
- 地球最強的生物在哪裡？ 32
- 可愛的水熊蟲 34
- 旋轉有各自的個性 35
- 從努力程度看草鵐的交往狀態 36
- 蝸牛在哪裡？ 38
- 笄渦蟲 42
- 沒那麼容易死 43
- 水龜小知識 之一 水面是巨大的捕蟲網 44
- 之二 以波紋訴說愛意 45
- 之三 能夠飛行 46
- 掉落在路邊的傳情書 47
- 恐怖!!無頸鳥 48
- 怪奇!!蜈蚣鳥 49
- 戰慄!!吸血綠繡眼 50
- 悽慘！羽毛散亂事件 51
- 夏天的怪談 日本野鳥怪談 52
- 在蜂巢中經常發生 是我在詐欺 53
- 天氣很熱時的野生動物們 會突擊眼睛的蟲 57
- 日本鰻鱺的變態 ～順水流的仔魚期～ 58
- ～玻璃鰻期～ 59
- ～在河川的生活～ 60
- ～出發的時期～ 61

秋 Autumn

- 夏季尾聲的風物詩 蟬炸彈 63
- 擅長釣魚的鷺鷥 65
- 經常在停車場出現的黑白鳥 70
- 麻雀很喜歡的狗尾草 71
- 有時會混進動物園等地方的傢伙 74
- 小心不要外帶 75
- 不知不覺到處都是血 76

用性命守護巢穴 78
秋天的草地是螳螂天堂 79
柿子樹和動物們 80
操縱螳螂的寄生蟲 82
注意橡實裡面的蟲 84
橡實裡有沒有蟲？簡單的分辨方式 87
雖然很溫馴但被螯到會劇痛 88
假如看到虎頭蜂的巢 89
鼴鼠到地上的時候 90
該怎麼形容才好 91
是誰製作了炸蝦天婦羅？ 93
狸貓的告示牌 94
野生動物身上的病原菌 95
晚上在車站前大集合 98

冬 Winter

嚴重掉毛的原因 100
直徑4cm的春天 101
寒冷時大家都會鼓起來 104
帥氣到不行的土壤生物 107
生命很短談個戀愛 108
冬尺蛾 109
冬天大家一起度過就不可怕 110
你的名字是？ 113
啄木鳥的可達範圍很長 114
翠鳥不是只有藍色 115
翠鳥要靠「耳朵」發現！ 116
當人工池的年歲大了 117

後記 122
開花狸貓 124

Column

專欄

126 關於傷病鳥獸救傷
121 為什麼需要把池塘的水放乾？
112 混群的瘋狂成員們
96 什麼是人畜共通傳染病？
77 如何保護自己不被硬蜱或山蛭攻擊
68 鷺鷥類的巧妙捕魚法
62 為什麼鰻魚瀕臨滅絕？
41 沒有種名叫做蝸牛的動物
24 在春天的淺灘容易見到鷸鴴類
13 土筆煎蛋的做法

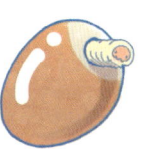

很意外吧！就在我們生活的周遭

好！這個時候過去，很安全

在人類的居住地，狸貓有時會把鐵軌當成牠們的通行道路

也棲息了許多野生生物

生活周遭的野生生物，還有哪些呢？

啵　啾

喻喻

有的很小，不容易被發現

植物也是「野生生物」

花

想要觀察牠(它)們必須付出一點努力

春天是從腳邊前來 之一

各種蒲公英
菊科蒲公英屬

早春時長出來的莖很短，花很靠近地

在日本都市看到的蒲公英，通常都不是日本原生種

非日本原生種　日本原生種

會翻過來　不會翻過來

但如果是雜交種，就沒辦法用這個方法鑑別

春天是從腳邊前來 之二

初蝶（春天的季語※）

以蛹度冬，到了春天才剛剛羽化的蝴蝶

紋白蝶等

以成蟲越冬的蝴蝶，翅膀比較破損

黃蝶或蛺蝶類

※譯註：日本在連歌、俳諧、俳句中用來表達特定季節的詞

春天是從腳邊前來 之三

好久沒補充動物性蛋白質了♪
竟然是這個原因……

雖然的確有春天的感覺…

……咦

東方螽斯
緊張 緊張
好險～

春天會有各種生物造訪蒲公英

東方螽斯的幼蟲

春天經常停在蒲公英上的一種螽斯

※東方螽斯的日文名為藪螽斯，藪是草叢的意思，表示牠們經常在草叢中

一齡幼蟲的長度約1cm

吃吃

↑ 吃蒲公英的花和種子成長

吃吃

↳ 成蟲之後就變成肉食性了

燕假人威

家燕是在人類生活周遭築巢的代表物種

反而在沒有人的場所就不太築巢

似乎在借助人類的力量來對付天敵（狐假虎威）

無人不知的周遭山菜

問荊的日文名為杉菜，孢子體稱為土筆

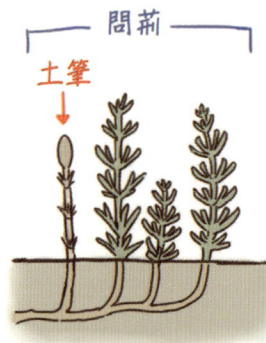

採摘時最好避開經常有人通過的場所，或是遛狗散步的路線

Column

土筆煎蛋的做法

簡單又經典

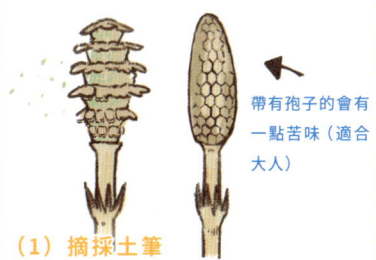

帶有孢子的會有一點苦味（適合大人）

（1）摘採土筆

經常出現在河岸堤防或路邊坡地、農田周圍等稍微貧瘠的土地

方法很簡單，可以一邊聊天一邊摘

（2）把鞘摘掉

指甲沿著縱裂的部分轉一圈，很容易就能剝掉

要煮多久去除澀味，可依照自己喜好的口味而定

（3）去除澀味

在滾水中稍微煮一下，再沖冷水

把比較長的土筆切到適當長度

（4）炒、煮乾

去掉水氣之後，在加熱的平底鍋中倒入麻油輕炒。加入麵味露到蓋住土筆的高度，煮到把麵味露的汁收乾為止

2～3個雞蛋約是二人份　　　　　小火

（5）蒸

把打好的蛋平均倒進平底鍋，蓋上鍋蓋蒸幾分鐘

完成！

想要做得更完美的人請看食譜

在早春現身的毛球

大蜂虻
雙翅目蜂虻科

看起來像從上方垂吊下來在原地盤旋飛行，因此在日文中被稱作**吊虻**

看不到的線？

很像偶像（明星）的早春昆蟲

雖然生活在人類的周遭環境，但只有在初春才會出現

※昆蟲會搓頭和腳，主要是為了把污垢弄掉

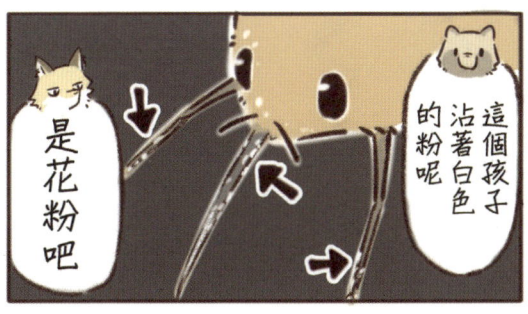

梅花或櫻花？
日本樹鶯或綠繡眼？

櫻花和梅花的不同

櫻花　花是一簇一簇的房狀生長

花柄很長

梅花　花是一朵一朵生長

花柄很短

其他桃花、杏花等，各自還有許多不同的**品種**，想要分辨清楚有點難

「ㄑ」字形的長尾山雀 之一

※這裡的長尾山雀又稱北長尾山雀

相較於巢的大小，由於尾羽太長了，待在巢裡尾羽會彎曲

看到尾羽彎曲的長尾山雀，表示牠正在繁殖中

「ㄑ」字形的長尾山雀 之二

偶爾找時間出來賞鳥，還真是不錯

但是一直盯著牠們看，有可能會放棄那個巢……

那可不行，等雛鳥長大的時候再來看吧

啾嚕嚕

啾嚕嚕

只要記住這種叫聲，就容易發現長尾山雀

離巢雛鳥聚在一起，稱為

長尾山雀糰子

離巢之前很容易被烏鴉或蛇吃掉，繁殖成功率大概2～3成左右

竹筍（孟宗竹）

竹子有很多不同的種類，其中最常見的竹筍是 孟宗竹筍

孟宗竹　　剛竹

這個熱銷商品上面的竹筍，看起來像是孟宗竹筍

19

天空是演唱會舞台

歐亞雲雀
雀形目百靈科

在高空飛行一邊鳴唱

英文名為SKY LARK

知名連鎖餐廳的標誌也是雲雀

盤旋飛行的通常是雄性，會靠近領域內會動的東西

重低音的拍翅聲

雄性和雌性的外型不一樣

雖然雌性有針，但如果不抓牠的話，基本上不會螫人

被激怒可能會咬下去

摸蛤仔撿貝殼時的生物網

春季的白天會大幅度退潮，很適合在潮間帶尋找生物

鷸鴴類與文蛤

在潮間帶的濕地，偶爾會看見腳被貝類夾住的鷸類和鴴類

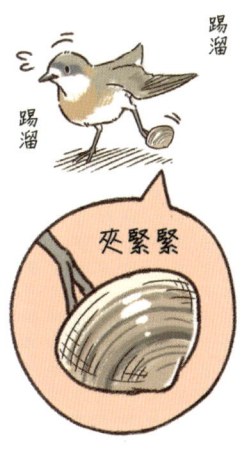

不過很意外有時會毫不在意照樣覓食

Column

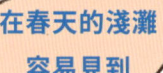

鷸鴴類

在春天的淺灘,會有許多遷徙途中的鷸鴴類造訪。如果在潮間帶找生物找到有點累了,就把環境讓給鳥類,改成在遠處賞鳥也很有趣喔。

東方環頸鴴

蒙古鴴

灰斑鴴

黑腹濱鷸

紅胸濱鷸

三趾濱鷸

黃足鷸

青足鷸

中杓鷸

種子上的謎樣物質 之一

有些植物的種子上有油質體，是螞蟻愛吃的食物

很難剝除

這是植物為了要讓螞蟻幫忙搬運種子的方法

種子上的謎樣物質之二

螞蟻會把種子搬回巢中,把油質體吃完後,再將種子丟出去

植物便能利用這種方式擴展分布區域

＊依種子而有不同

鳥兒的各種育雛方式

共同合作育雛

我們輪流把卵喔

一夫一妻的金背鳩等

主要是雌性在育雛

吃飯了

一夫多妻的棕扇尾鶯等

主要是雄性在育雛

要跟好喔

一妻多夫的彩鷸等

托卵

沒做過。噗哩

育雛？

大杜鵑

← 其他鳥的巢

從春天到初夏是許多種野鳥的繁殖期，根據物種的不同，育雛方式也不一樣

這不是我的蛋！
打擊
丟

找別人托卵好像很輕鬆，但也有被識破慘遭丟棄的風險……

四片葉子的三葉草

媽媽，我摘到幸運草了
咳咳
謝謝妳呀

四片葉子的三葉草是幸運的象徵呢
愛 信仰 希望 幸運
手術一定會很順利
咦？

四葉……？
咦？真奇怪，我明明摘的是四葉草啊……

菽草（又稱白花三葉草）
豆科菽草屬

瓜挼草類通稱為三葉草

從前被當成包裝時的緩衝材料，日文稱為 詰め（塞的意思）

一般認為會因為踩踏等影響而容易出現四葉草

經常跟三葉草搞混

酢漿草

酢漿草的葉子是心型，三葉草的葉片偏圓

三葉草　　酢漿草

毛毛蟲的食性會依照物種而有不同，有些只吃固定種類的植物

30

吃三葉草的蝴蝶

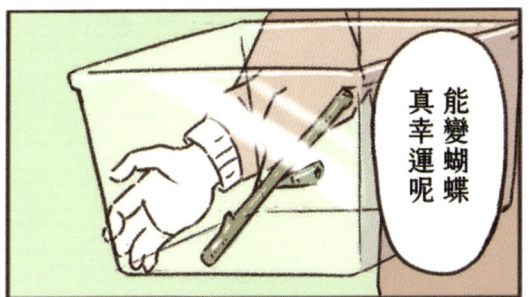

紋黃蝶

這是一種黃蝶，翅膀有斑紋所以稱紋黃蝶

春型(背面)

雌性經常被誤認成紋白蝶

地球最強生物在哪裡？之一

對環境有極高的耐受性，有「地球最強」之名的超級生物

耐熱：100℃
耐寒：-273℃
耐壓：75000氣壓
其他
可以適應輻射線、真空、乾燥等環境

地球最強生物在哪裡？之二

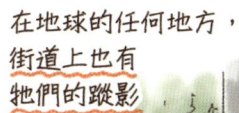

在地球的任何地方，街道上也有牠們的蹤影

比起土上的苔蘚，在人工物縫隙間的苔蘚上比較有機會找到

可愛的水熊蟲

短短胖胖的體型
（活動時也胖嘟嘟的）

小小的眼點
（有的物種有，有些沒有）

身體是半透明的，可以看到吃下去的東西

苔蘚

我沒有吃

你吃了吧！

喜歡攀附在東西上面

經常看到的水熊蟲照片

有爪子的短腳（4對）

啪啪搭搭

哇嚓啊啊啊

只要翻過來就很不容易爬起來

用普通的顯微鏡沒辦法看得這麼清楚，請放心（？）

觀察水熊蟲要準備什麼？

一定需要顯微鏡。市面上從數萬日圓到數千日圓的顯微鏡組合都有

顯微鏡 推薦

雙眼實體顯微鏡

為了採樣觀察，需要少許苔蘚

會有水熊蟲的苔蘚？

乾燥、看起來狀態不好的苔蘚，比較會有水熊蟲

△ 光鮮嫩綠
○ 亂糟糟……

真苔

雖然是嚴酷的環境，但是天敵和競爭對手也少

日本城市裡普遍分布的蓬鬆苔蘚這裡很常會有水熊蟲

34

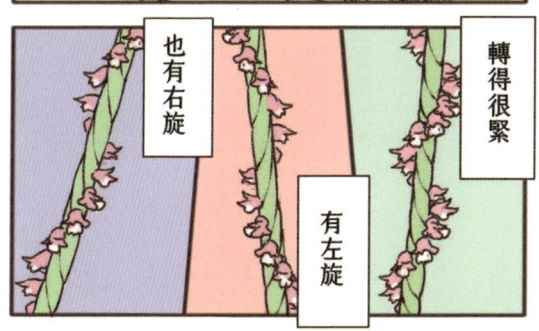

綬草

在路邊就能看到的野生蘭花

一朵朵的花雖然很小，但因為屬於蘭花，花形還是很美

35　明明日文名是扭轉……花……？

從努力程度看草鵐的交往狀態

希望明年春天會更好！

草鵐是單身還是已婚，鳴唱的方式上會不一樣

單身

臉朝上奮力鳴唱

已婚

感覺很輕鬆

＊據說一天的鳴唱次數相差2倍左右

夏

Summer

蝸牛在哪裡？之一

呀啊啊啊啊！
好不容易產下的卵破掉了啦！

可能是因為鈣質不足喔
要多吃這個喔♪
微笑微笑
蝸牛
咦?!
為什麼不早點跟我說啦！
生氣!!

白天 ZZZ
夜晚 ZZZ
到底在哪裡?!
東張西望
在哪裡?!
白天

沒有、沒有，都沒有!!!

蝸牛基本上是**夜行性**

不喜歡乾燥，晴天時通常把殼口閉緊，在陰影處休息

ZZZ

（雨天的時候，即使在白天也很容易看見）

蝸牛在哪裡？之二

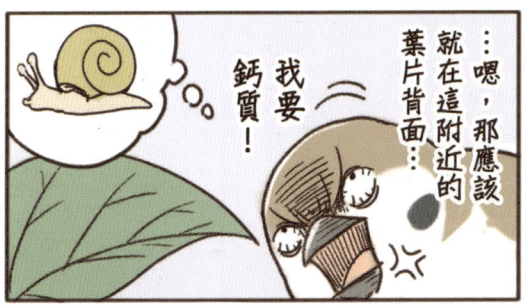

啊——?!要早點跟我說啊！

牠們在晴朗的白天會躲起來啦
你看，這是牠們的食痕喔♪

…嗯，那應該就在這附近的葉片背面…
我要鈣質！

哎呀！
蚯蚓

鈣質呢?!
這不關我的事……

會吃各種東西如水草、葉子、花瓣、蕈類、水泥等

嚼嚼嚼

像銼刀般粗粗的齒舌，上面有一萬根以上的小牙齒

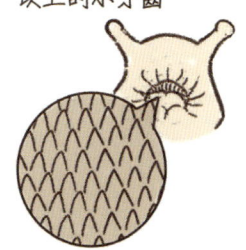

蝸牛在哪裡？之三

嘩啦啦

下大雨了！

好、好痛苦…

蝸牛用肺呼吸，所以不能泡水

要往樹上逃！

嘰咿咿！！

今天下雨，更找不到了！

氣憤

咦？

完

蝸牛屬於有肺類

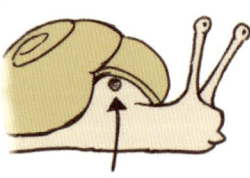

呼吸孔（在這附近）

雖然不喜歡乾燥，但若一直待在水裡會**死亡**

你喜歡這個吧～？

我不要那麼多啦！

40

Column

沒有種名叫做蝸牛的動物

「蝸牛」其實是一個類群的總稱,含括很多不同種類,且殼的顏色及外觀等也有很大的地域差別或個體差異。

三線條蝸牛
也有沒有三條斑紋的個體,喜歡在樹上

日本粟蝸牛
經常在草地看見

日本左旋蝸牛
旋轉的方向和三線條蝸牛不一樣

蛞蝸牛
眼睛不是長在觸角前端,而是在觸角的基部附近

大臍蝸牛
毛很長,年紀大了就會變禿

實際上很小

日本煙管蝸牛
形狀像煙管

馬氏鱉甲蝸牛
在沖繩可見的外來種,幾乎沒有殼,看起來像蛞蝓

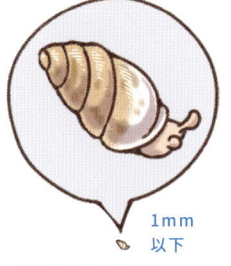

1mm 以下

雪白罌粟蝸牛
非常小,仔細看會覺得很可愛

還有很多種

日本大約有800種蝸牛

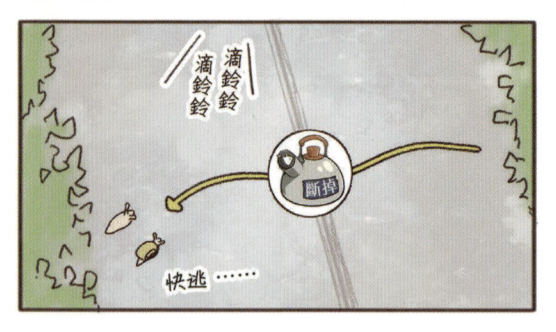

笄渦蟲

在某個雨後放晴的日子——這是什麼啊？一條長長的東西

ㄎㄎㄎ……扭扭ㄋ～
哇啊！動了！

我的名字是笄渦蟲
為什麼把身體拉得那麼長…

斯斯…

就是為了要把你們捲、捲、捲起來吃掉啦！

最喜歡吃蝸牛和蛞蝓

嗚哇！

滴鈴鈴
滴鈴鈴

斷掉

快逃……

乍看之下很像**繩子**，在雨後的馬路很常見

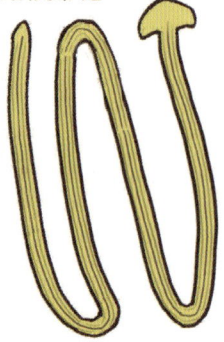

據說由於頭型很像**頭簪（笄）**，所以有了這樣的日文名

沒那麼容易死

格1:
ㄎㄎ……不要以為我總是在獵捕，找更厲害的是再生能力
抬頭挺身
生命力真強
變成兩節都還能動！

格2:
捲捲捲
嗚哇——會被吃掉
ㄎㄎㄎ…其實我的嘴巴不在這裡

格3:
口部位在身體正中間左右
那就來吃…
咦？我的嘴巴呢

格4:
終

笄渦蟲和渦蟲是同類

好夥伴

實驗證明牠們具有

再生能力

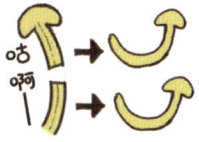

咕啊—

雖然笄渦蟲的日文名中有個「蛭」字，但是牠不吸血，所以無害。反而是因為會吃蛞蝓等，被園藝業者視為益蟲(正確來說牠們並不是蟲)

水黽小知識 之一
水面是巨大的捕蟲網

啊啊～……肚子餓得快死了……

唉？

咕嚕～

這是……

波紋?!

藉由水面的震動來感測獵物

咬風風風

一定是個大傢伙！

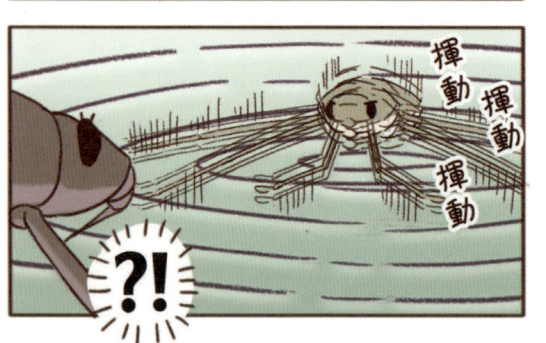

啪噠 啪噠 啪噠

啪颯

揮動 揮動 揮動

?!

對水黽來說，水面就好像是一張巨大的蜘蛛網

啪噠 啪噠 啪噠 有食物

以吸管狀的口器，吸食掉落在水面上的獵物體液（肉食）

尖銳

折疊式

水黽小知識 之二
以波紋訴說愛意

呵呵呵♪ 看來愛的訊息有傳達到呢

不,你想太多了

堅決

雄性會攪動出強波紋!

唉喲～討厭,水面搖晃得那麼厲害…

愛♡風風風

水黽是以波紋進行對話

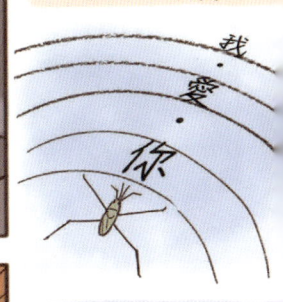

♂向♀求愛

我·愛·你

或是宣示領域

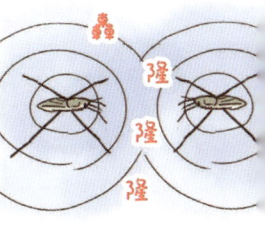

轟 隆隆隆

現身

這裡有食物!

唉呀～你也是水黽嗎?

45　狡蛛　是水黽的天敵,生態很相似

能夠飛行

水黽小知識 之三

呼……沒辦法了,讓大家看看水黽認真起來是什麼樣子!

颯

唓?

咚

啪

難道,他是為了要保護我……

噗噗

翅膀很短或無翅膀的個體就不能飛(即使是相同的物種也有個體差異)

長　短

經常可以在雨後積水的地面上看見牠們

終

有會飛跟不會飛的個體

掉落在路邊的傳情書

完成了！

噹啷！

傳情書（捲葉象鼻蟲）

把葉片捲起來再弄掉到地上的昆蟲，名為

裡面有蟲卵

捲葉象鼻蟲類

屬於小型甲蟲
春夏季時在樹葉上產卵，會捲起葉片並故意掉在地上

好厲害！真是靈巧耶！
完成了就丟到地上吧

其實也不一定都會弄到地上

① ② ③ 完成

為何？
我覺得不要丟下去比較好喔

「傳情書」是一種傳遞書信的方法，可避免別人看到內容，流行於日本江戶時代

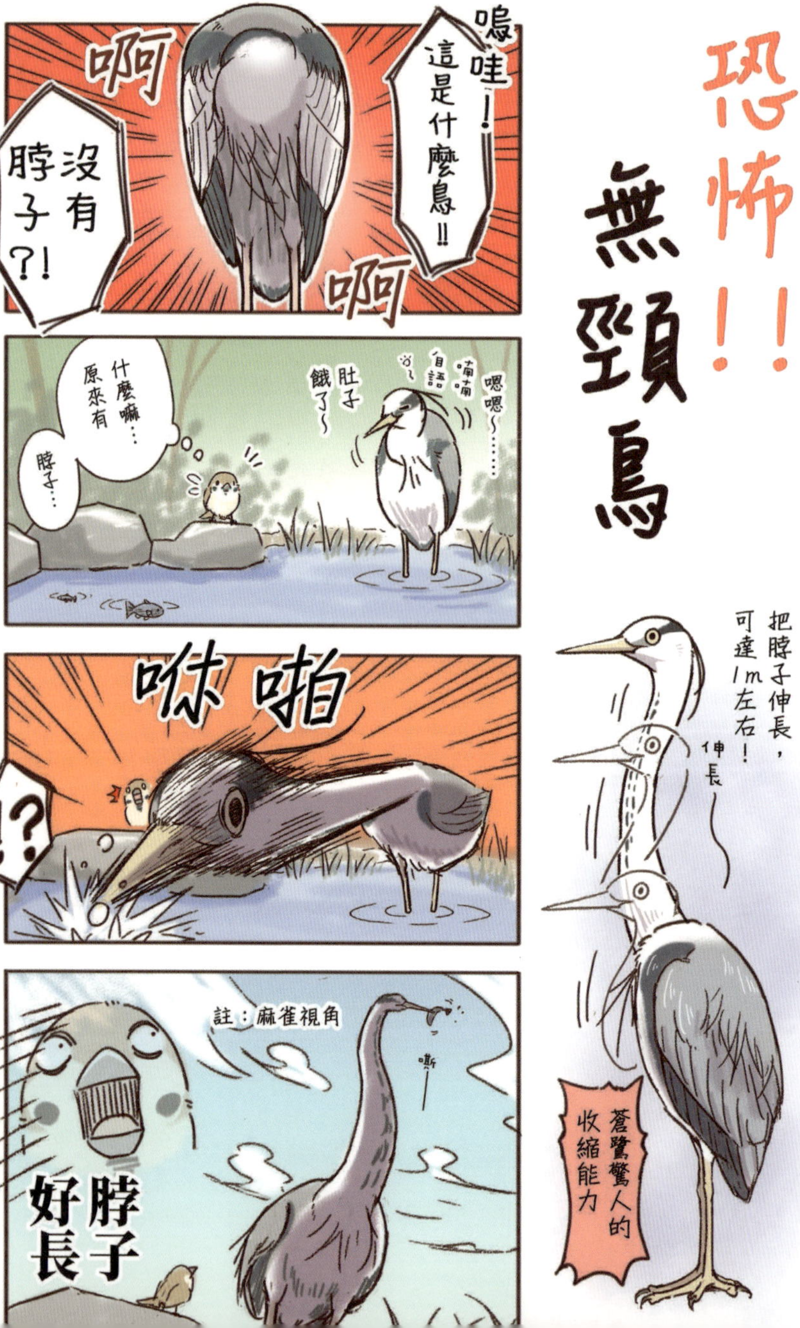

恐怖!!
無頸鳥
嗚哇！這是什麼鳥!!
啊
啊
沒有脖子?!
嗯嗯~……
喃喃自語
肚子餓了~
什麼嘛…原來有
脖子…
咻啪
!?
註：麻雀視角
嘶—
脖子好長
把脖子伸長，可達1m左右！
伸長~
蒼鷺驚人的收縮能力

怪奇！蜈蚣鳥

那隻鳥?!
有四隻腳?!
哇啊！

不對不對
抓抓
鳥怎麼會有四隻腳。
不可能，一定是看錯了。

看

哇啊啊啊！

緊盯——

有奇怪的傢伙在看我們，不要動喔！

…

例如小環頸鴴等，在雛鳥還小的時候，親鳥常常會護著雛鳥

合體

登一

一般認為這是為了要**幫雛鳥保溫**，或是保護牠們不被敵人侵害

戰慄!! 吸血綠繡眼

哇啊啊啊!!
啪——!
咦?

發生什麼事了?!
怎麼了?
我只是在進食而已……
進食?

難道,你是用那個銳利的喙部……
對啊對啊,用這個喙部……
花蜜好好吃♪

我喜歡在戳刺之後咻嚕咻嚕地吸起來吃～

哇啊啊

雖然這個哏已經在這系列中出現過好幾次……

綠繡眼擅長以細細的喙部及刷狀的舌頭舔食花蜜

例如野化的蘆薈花

花粉

悽慘！羽毛散亂事件

到處四散！

哇啊!!

鴿子四分五裂?!

怎麼會這麼殘忍……

犯鳥在這附近……？

啊

討厭～就說這是花粉啊～哈哈哈

嗚哇啊

欸～那是花粉嗎？

蒼鷹等會很細心地把獵物羽毛拔掉之後再吃

噗即

噗即

可以再來一份嗎…？

嗝

現場會殘留

大量的羽毛

日本野鳥怪談

夏天的怪談

日本有很多跟野鳥相關的怪談故事……

鵺
猴子的頭、虎的四肢、狸貓身體、蛇尾部的妖怪

原型是虎鶇

青鷺火
據說在半夜會發出慘白的光或吐火的鳥型妖怪

真面目是夜鷺？

呻吟鳥
半夜會發出E-Bo——令人毛骨悚然叫聲的怪異生物

真面目是麻鷺

火炬鳥
北海道愛奴族中流傳的妖怪。會持著火炬徘徊，誘惑人類

原型是渡鴉

特徵：巨大

入內雀（山麻雀）
平安時代的有名歌人，藤原實方的怨念化身

真的有這個名字的野鳥

山麻雀

是隨便畫的

其他還有很多
送行雀、祟妖、烏鴉天狗等……

在蟻巢中經常發生
是我是我詐欺※

※譯註：在電話中不報名字，只說「是我是我」，然後開始套對方的話進行詐騙。

螞蟻的巢

嚼嚼嚼嚼

請給我吃！

伸頭

口對口從同伴那邊獲得食物

我也是螞蟻喔

是我

是我是我

？！

咦？你該不會是…

肚子餓了嗎？

好吧，盡量吃

♪~

嚼嚼嚼嚼

螞蟻是以氣味來辨識同類（視力很弱）

蟻蟋

帶有螞蟻的氣味，從螞蟻那裡獲得食物，或吃卵和幼蟲

外觀不太像螞蟻

是生活周遭常見的一種好蟻性昆蟲

天氣很熱時的野生動物們 之一

方尖碑姿勢

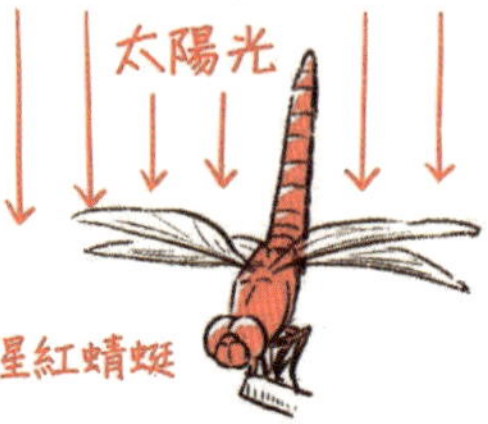

為什麼有這樣的姿勢？一般認為是為了減少強光曝曬的面積，以防止體溫過高

天氣很熱時的野生動物們 之二

許多蜻蜓（雄性）具有領域性，會等待雌性到來。如果有雄性入侵就會把對方趕走

蜻蜓有時也會停在翠鳥的頭上

生活在水邊的動物們，停棲的場所也很相似

天氣很熱時的野生動物們 之三

那隻鳥也會吃蜻蜓喔

喔喔?!

怎麼了,這個傢伙?!

...

張開嘴巴是想要吃我嗎?

熱氣 熱氣

不,大概只是⋯很熱而已吧

天氣這麼熱,你為什麼要勉強自己在這裡呢

這裡⋯是⋯我的⋯

守護!領域!

你也在守著領域嗎?!

翠鳥的領域性也很強

在炎熱日子的鳥兒們

鳥類不像人類能夠藉由流汗散熱,所以很熱的時候會把嘴巴打開散熱

在炎熱的日子也經常會洗澡玩水
在水邊可能很容易看到<u>鳥兒在鑽地</u>

56

會突擊眼睛的蟲

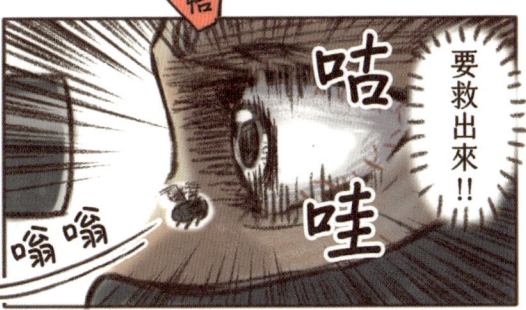

人質在我手上！

HELP!!

這個任務是以救出人質為最優先考量

嗡嗡～ん

一定…

喀恰

要救出來!!

咕哇

嗡嗡

咻

繞眼果蠅類

生活在溪流或山野的小型蠅類

會在眼睛周圍飛來飛去，所以在日文中被稱為目纏

黑黑大角小蠅

條紋繞眼果蠅

日本鰻鱺的變態
～順水流的仔魚期～

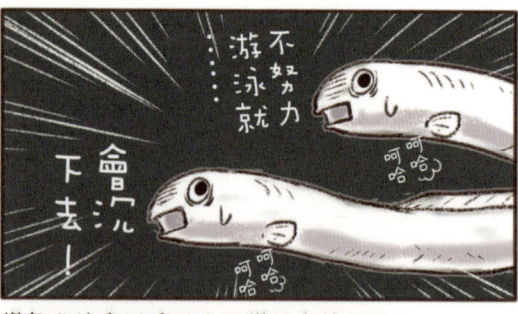

在南方的海洋誕生大約半年的鰻魚們——

一生都只是順水漂流，這樣好嗎？

搖搖晃晃
搖搖擺擺

這樣也不錯，游泳還滿累的耶

很容易漂走（物理性的）

於是，日本近海——

…咦？
扭扭
扭扭
扭扭

身體怎麼有點奇怪？

不好好游泳就…會沉下去！

呵哈呵哈呵哈

變態之後會從浮游生活變成底棲生活

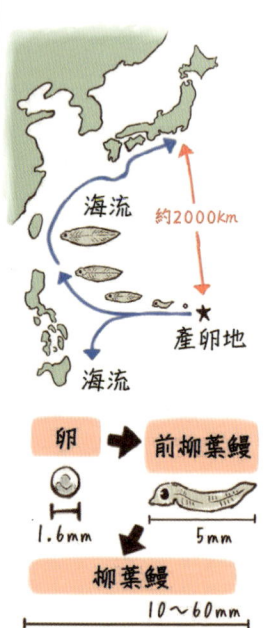

海流　約2000km
★產卵地
海流

卵	➡	前柳葉鰻
1.6mm		5mm

柳葉鰻
10～60mm

由於像葉片般的形狀，所以稱為 葉形仔魚

日本鰻鱺的變態
〜玻璃鰻期〜

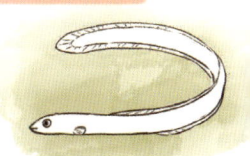

喔喲 不知不覺就變瘦了?!

嗚哦?! 怎麼了?! 這個奇怪的身體…?!

不過，這樣就可以游到想要去的地方了…

我已經不需要再過隨水漂流的生活了!

是嗎?!

咦?

那邊有光耶

趕快游過去看看吧!

哇——

完

玻璃鰻

穿越海流，在河口附近生活一陣子

撈捕玻璃鰻

以光吸引牠們再撈起來

自古以來的冬季風情 由於<u>盜漁盜獵</u>或偷偷放流的人太多，在鰻魚被日本指定為瀕危物種之後，相關的規定和取締辦法就變得更嚴格

99%的食用鰻魚是捕捉稚魚之後再養殖的

日本鰻鱺的變態
～在河川的生活～

春天——平安溯河而上的鰻魚

顏色會變黑 →

水流速度也變得緩慢，好像很適合生活呢～

咦？

嗚哇！也有可怕的前輩們呢…

嘶… 嘶…

呃呃……像我這樣的小魚，一輩子都乖乖安分過日子…

顫抖顫抖

10年後

鰻線

開始在河川生活時的樣子，繼續成長之後就會變成黃腹鰻、銀鰻

鰻魚是位於<u>淡水生態系頂端</u>的肉食性魚，為了成長，需要有豐富的食物

嚼嚼 嚼嚼

60

日本鰻鱺的變態 〜出發的時期〜

走囉！2000km之旅

成熟的鰻魚，終於要前往出生地的關島外海……

…這個階段，牠們其實並不知道目的地在哪裡

對了，到大海去吧

不知道為什麼變得有點躁動，總之就是想要出去

＊由於荷爾蒙所造成的身體變化

鰻魚們還不知道這段旅程究竟有多麼長、多麼困難…

雖然知道牠們是去產卵場所，但這麼遠的地方到底是怎麼去的…？

人類也不知道

產卵場所

銀鰻

從鰻線經過黃鰻的時期，再成為最終形態的銀鰻

河川的鰻魚變成雌性的比例別高。對於恢復族群數來說牠們被寄予了很大的希望。是……

其實是少數派？

河川

河口

目前已知不從河川上溯，在河口或海洋生長的鰻魚很多。關於海洋鰻魚還有多的謎題待解

61　鰻魚的生態仍舊充滿著謎團

Column

為什麼鰻魚瀕臨滅絕？

導致鰻魚瀕臨滅絕的原因，是幾個重要因素加成在一起的結果。基本上有「環境的變化」及「過度捕撈」等。

環境的變化

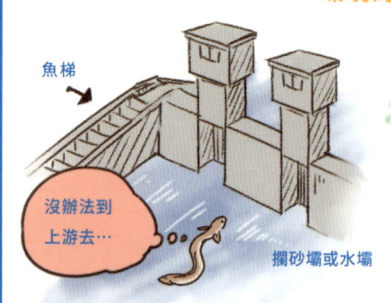

魚梯

沒辦法到上游去…

攔砂壩或水壩

由於河川的構造物阻礙了上溯

護岸

覓食或躲藏的地方都很少…

生活環境惡化

過度捕撈

稚魚（玻璃鰻）

降海鰻魚

10月～3月 鰻魚捕撈 禁止

□△縣

為了養殖而捕撈。
盜漁橫行，捕撈的限令很難執行

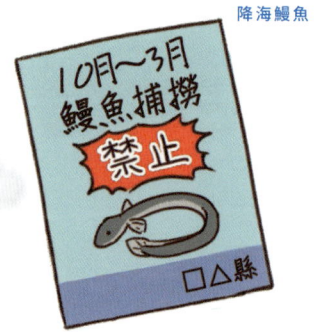

為了保護去大海產卵的鰻魚被捕撈，
日本地方政府會明訂禁止捕撈的時期

蟬炸彈

夏季尾聲的風物詩 之一

第一格：
那裡有隻死掉的蟲
！
…

第二格：
好大的蟲啊
可以吃嗎？
嘰嘰嘰嘰

第三格：
＊這是想像畫面

第四格：
發生什麼事?!
…

掉落在地面上的蟬，原本以為死掉了

死掉了…（？）
唧唧 唧唧

↓

轟轟 轟轟

通稱 **蟬炸彈**

在日本也被稱為「蟬的終焉」
牠們只是變得衰弱，
沒有打算要嚇人

夏季尾聲的風物詩
蟬炸彈 之二

狐狸大哥你也要小心！
牠一定又像狸貓那樣在裝死！
咦～？
...

這個傢伙是閉緊的腳，應該已經死掉了吧？
...嗯？
不...
咦？再看仔細一點，腳是閉緊的？

搞不清楚了...
再靠近一點好了...
唧 唧 唧 唧 唧

＊想像的畫面
狐狸大哥！！

終
製作・著作
二日一種

雖然是容易被人類討厭的蟬，在生態系之中則是…

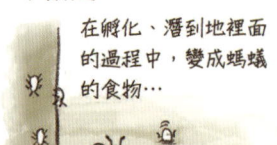

在孵化、潛到地裡面的過程中，變成螞蟻的食物…

或是被鳥、螳螂、虎頭蜂、小學生抓到…

死掉以後又變成螞蟻的食物…

很受大家歡迎
(主要的蛋白質來源)

擅長釣魚的鷺鷥 之一

聽說最近在鳥類之間好像流行釣魚詐欺呢

怎麼會這樣,好可怕喔～

詐欺嫌疑犯

好像是用食物來引誘對方呢

砰咚

真糟糕～要小心不要受騙

話雖如此,肚子餓了呢～

啊!

水草好好吃!

水草!

綠簑鷺
鵜形目鷺科

是一種鷺鷥,會遷徙至日本本州以南的夏候鳥

和夜鷺長得很像,翅膀的邊緣像竹葉

⋯

有時候也會使用蟲子或假餌來釣魚

擅長釣魚的鷺鷥 之二

唔…魚兒們好像沒有注意到蟲子呢

這樣的話！

死掉…

噗嚕 噗嚕 噗嚕 噗嚕

呵呵呵…應該很像活著的蟲子吧

戳戳 戳戳

嘿！來吃吧！魚兒們

哇

← 水黽

在釣魚的時候，除了真正的食物之外，也會使用各種假餌

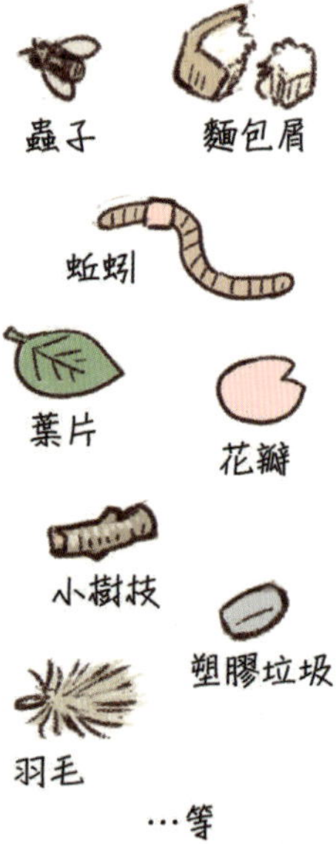

蟲子

麵包屑

蚯蚓

葉片

花瓣

小樹枝

塑膠垃圾

羽毛

…等

66

擅長釣魚的鷺鷥 之三

還不行…
…欲速則不達
釣魚最重要的是「等待」…

——獵物咬住獵物的那一瞬間——

喀 嘶……

機會就來了!!
啪 颯

終
製作・著作
二耳二種

其實釣魚行動經常失敗（特別是亞成鳥）

看得一清二楚
!

被魚發現

選擇的假餌很糟糕

啪 噠 ?

好像會跟其他個體學習，或透過反覆嘗試而學會

Column

鷺鷥類的巧妙捕漁法

鷺鷥類的覓食方式很特別，對魚兒來說，根本就是詐欺！

製造騷動

用腳在水底或水邊掃動，捕捉想要逃走的魚

波紋漁法

以喙部震起細細的波紋來引誘魚類。雖然不需要工具，但是頸部應該會累吧

利用鸕鶿

以被鸕鶿追逐而逃到淺灘的魚群為目標，與其說是橫刀奪愛，不如說是撿剩下的

乞求

以很想要吃的樣子接近釣魚客（為保護環境生態平衡，千萬不要餵食野生動物）

鷺鷥類在覓食的時候基本上不會有大動作，可以說是以「守株待兔」的方式搭配這些技法來補魚

秋

Autumn

經常在停車場出現的黑白鳥

白鶺鴒
雀形目鶺鴒科

經常在河邊或草地、農地、停車場等開闊場所覓食

有些地方以前只有冬天才能看見牠們，現在全年都能觀察到了

麻雀很喜歡的狗尾草

之一

果實

「這種草看起來好像很好吃耶！吃吃看吧！」

「真好！有滿滿的果實！」

……
「搆不到！」
跳 跳

……
「抓不了！」
跳 跳

「討厭，這不就完全沒辦法吃了嗎？！」
果實
啪啦 啪啦
大口吞嚥

狗尾草
禾本科狗尾草屬

日文漢字也是狗尾草
因很像<u>狗尾巴</u>而命名

在日本也稱逗貓草

「怎麼不是『犬』啊…」

麻雀很喜歡的狗尾草 之二

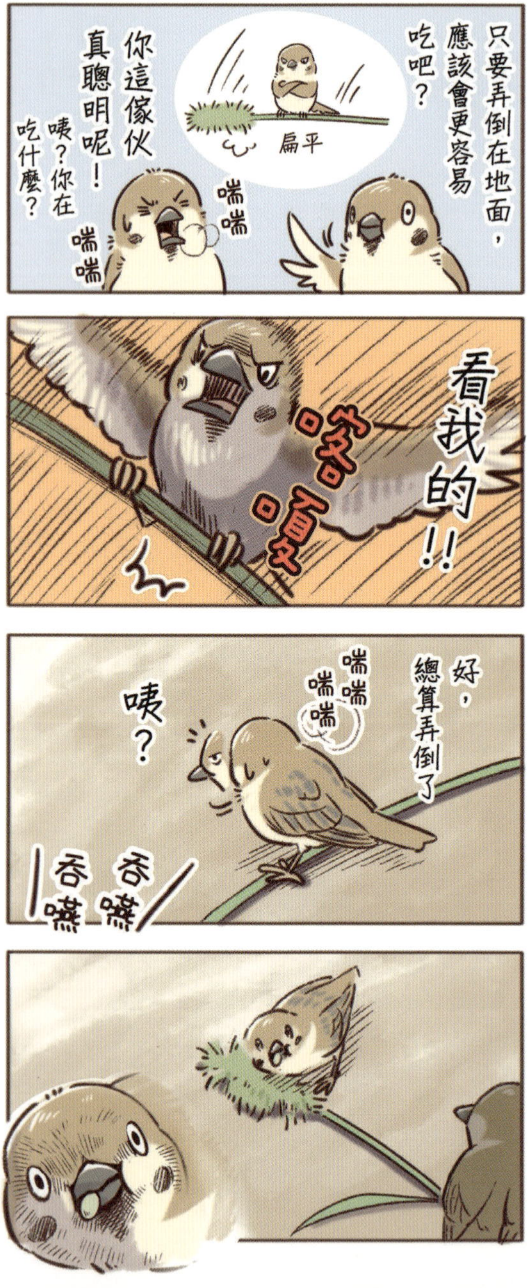

聰明麻雀的狗尾草吃法

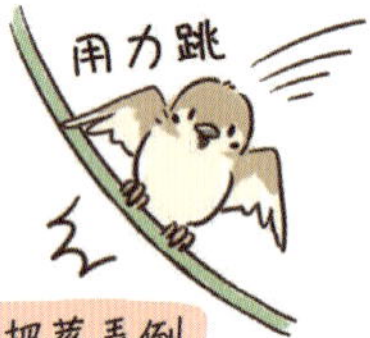

(1)把莖弄倒

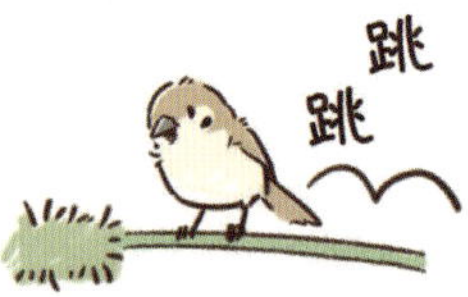

(2)壓著莖往穗的方向移動

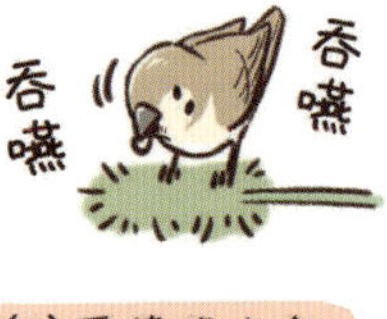

(3)壓著穗進食

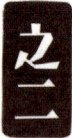

麻雀很喜歡的狗尾草 之三

你很狡猾耶
全都是你在吃
哎呀，這個真不錯吃呢
空
咕嚕

法氏狗尾草
哇啊這麼長要弄倒不是會很辛苦嗎？
好多
這邊還有更長的喔

不過這樣就能夠吃得飽飽的！
弄倒它！！

如何！啊呀！
吞嚥 吞嚥
跳 跳

其實種類很多
各種狗尾草

花序很長，會彎曲

法氏狗尾草

花序看起來像紫褐色

紫狗尾草

剛毛是金色

金色狗尾草

有時會混進動物園等地方的傢伙

下野動物園 ZOO
WELCOME 歡迎！
攘攘　熙熙　售票處

哇啊—
有好多可愛的企鵝喔！
企鵝

再一隻企鵝！
企鵝！
企鵝！
企鵝！

夜鷺※
鵜形目鷺科

在公園等生活周遭的水邊也能看見的鷺科鳥類

成鳥

由於是夜行性又不顯眼，所以雖然很普遍，但知道的人不多

白天會在灌叢等地方睡覺

※譯註：在台灣曾被誤認為企鵝，所以也被笑稱為「台灣企鵝」

小心不要外帶

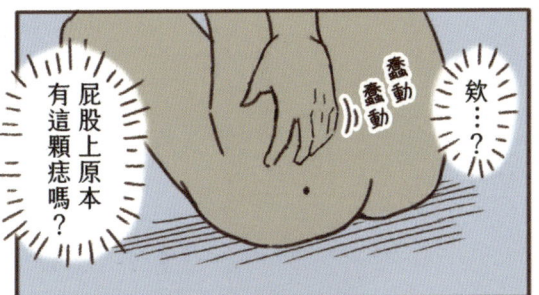

上星期的露營真是開心啊!

…咦?

屁股上原本有這顆痣嗎?

蠢動蠢動

欸…?

幾天後—

怎麼好像有變大的感覺…

噗嘰

咦咦?!痣被我拔掉了?!

腳

各種硬蜱

被附著的時間越久,就越難移除

吸血前　吸血後

如果想要硬拔,有時口器還會殘留在上面

※也有從口器感染疾病的風險

不知不覺到處都是血

日本山蛭
環節動物門無吻蛭目

> 在感測到二氧化碳或體溫之後會靠過來

會釋出水蛭素這種抗凝血成分,讓血流不停,幾乎不會痛

※和硬蜱不同,被認為沒有傳染病的風險

第一格:
哇,流了好多血!

第二格:
你還好嗎?!
哪裡受傷了嗎?
咦?
沒有耶…我不覺得哪裡痛

第三格:
該不會是被山蛭叮了吧?
好像會附著在比較軟的部位喔
東張西望
嗯……

第四格:
抓抓 抓抓
柔軟的部位?
啪搭

76

Column

如何保護自己不被硬蜱或山蛭攻擊

預防

含有待乙妥 (Diethyltoluamide，DEET) 成分的防蟲噴劑，對硬蜱及山蛭很有效

時常檢查身上有沒有被附著（有同行夥伴幫忙檢查更佳）

盡量不要停留在有山蛭的場所

服裝

穿戴帽子、長袖上衣、長褲等，避免皮膚暴露在外

把長褲的褲管塞進襪子裡防止山蛭鑽入

這樣如何？

※ 防護做得很嚴密確實

緊急處置

硬蜱
剛被叮的時候可以用手或鑷子簡單移除。若時間久了沒辦法剝下來，最好到醫院處理

移除硬蜱專用鑷子

山蛭
只要撒鹽或使用防蟲噴劑就能掉下來。若有帶毒液吸取器，先用它吸過患部、加以清洗，再用OK繃等止血

毒液吸取器

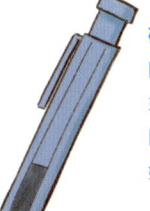

用性命守護巢穴

啊,有蜂窩
肚子餓了呢~
不要再繼續靠近了!

再靠近的話就要螫你!
螫了就會死掉喔
什麼,會死嗎?!

是我們!!
會死喔!

什麼?!
那…我呢?
只會稍微痛一下而已

蜜蜂和牠的朋友們

蜜蜂的針和內臟連接在一起,若螫了攻擊者之後想離開,會因為針與內臟一起被拔出而死亡

皮膚

殘留的內臟還會像幫浦那樣持續釋出毒素

78

秋天的草地是蝗蟲天堂

這則漫畫原本刊載於「日本自然保護協會」會報

蝗蟲的動作好迅速，還真是不好抓呢

跳躍力的確很厲害…

其實蝗蟲不擅長著地
到下次跳躍為止有一個空擋
只要看準這個機會就很容易捕捉喔！

哦～原來是這樣

好，現在，就是在著地的瞬間…

東亞飛蝗
直翅目蝗科

跳躍力的秘密

除了強壯的肌肉以外，膝關節的結構也是關鍵

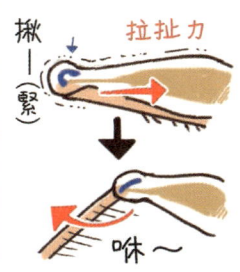

揪—(緊)　拉扯力

咻～

柿子樹和動物們 之一

這個果實看起來很好吃

戳戳

嗚哇，是那些可怕的鳥！

喂喂

走開！走開！

呼，好吃好吃

柿巴爛……

變得容易吃了呢

舔舔舔舔舔舔

← 綠繡眼比較擅長舔食

柿子樹是秋冬的賞鳥點之一

體型小的鳥類會比較客氣

80

柿子樹和動物們 之二

夜晚

不太擅長爬樹的那群
看起來很好吃呢……

白天

咖滋
真差勁！居然只吃一口就丟掉
丟

明明大家也都很想吃
丟 丟 丟
我哪管得著其他傢伙啊

夜晚

哺乳類也很喜歡柿子

猴子經常稍微啃一下就丟掉

獲得掉落柿子的另外一群

操縱螳螂的寄生蟲 之一

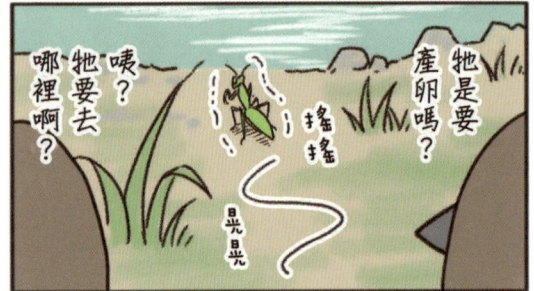

鐵線蟲
線形動物門

會寄生在螳螂、蟋蟀、灶馬等動物身上的生物

會操縱宿主的腦，讓牠們跳往閃亮的物體

82

操縱螳螂的寄生蟲 之二

由於寄主昆蟲多半是被魚吃掉，所以鐵線蟲可以說是連接陸域及水域生態系的橋樑。

不過有時鐵線蟲來不及脫逃宿主，也會一起被魚吃掉…

注意橡實裡面的蟲 之一

歐耶～

到了秋天，就要用橡實創作小東西

媽媽，我做好了

好讚喔，我把它放著當裝飾喔

一星期後

你好

秋天是玩橡實的季節…

手機吊飾

擺飾

平衡玩具

陀螺

點心

不過有時會從裡面跑出蟲來！

84

注意橡實裡面的蟲 之二

各種象鼻蟲

第一格：
- 喂、喂
- 哇啊啊啊啊
- 殺蟲劑！殺蟲劑！
- 跑出來好多啊

第二格：
- 等一下，有這麼誇張嗎？
- 橡實和裡面的蟲子也是生態系的一種

第三格：
- 為了玩耍而將它們帶離大自然，然後殺死不喜歡的生物

第四格：
- 這樣很不尊重生命喔，爸爸這個週末把這些蟲子帶回山裡去吧
- 我們得救了嗎？

成蟲把卵產在橡實裡

幼蟲吃橡實的內部成長

牠們是甲蟲，特徵在於口器很長，讓人聯想到 **鷸** 或 **大象**

鷸　　大象

注意橡實裡面的蟲 之三

橡實裡的蟲也能當成在溪流釣魚的魚餌

其中特別常使用的是櫟樹象鼻蟲

有時也被當成寵物的飼料

松鼠的最愛

完

86

附錄 橡實裡有沒有蟲？ 簡單的分辨方式

即使不喜歡蟲，也不會想要隨便殺生

只要放到水裡就能夠簡單分辨

浮起來
裡面有蟲子時，隨著內部逐漸腐敗，就會

沉下去
當子葉飽滿時，由於密度高就會

這並非100%準確的分辨方式

沒有浮起來的橡實，可能裡面的蟲子還小，或只有卵，其他蟲子等等

喜歡橡實的動物們

蛾類　　象鼻蟲類

小蠹蟲類　捲葉象鼻蟲類

等…

不過只要事先稍微處理一下，就算之後要做殺蟲處理，蟲子的死亡數量也會減少很多

煮沸　冷凍　等等

如果要帶走橡實，請盡量找沒有蟲子的！

其實蟲子待在橡實裡，萬一掉到水裡反而比較安全

橡實滾來滾去※
掉到池子裡
浮起來
噗咚

就不會遇到泥鰍囉…

※這是日本童謠〈橡果滾呀滾〉（どんぐりころころ）的歌詞。內容主要是說橡實滾來滾去掉到池子裡，泥鰍出來說早安。

雖然很溫馴但被螫到會劇痛

有沒有過冬的好場所呢？

嗡嗡

哦～

這裡用來遮風避雨好像不錯呢

布布

兒兒

喀啦

內褲應該差不多乾了吧～

為什麼會被螫到那裡呢？

刺痛刺痛

長腳蜂類

比虎頭蜂溫馴，但若不小心刺激牠，就可能被螫

刺激到牠們的巢

不小心碰到

假如看到虎頭蜂的巢

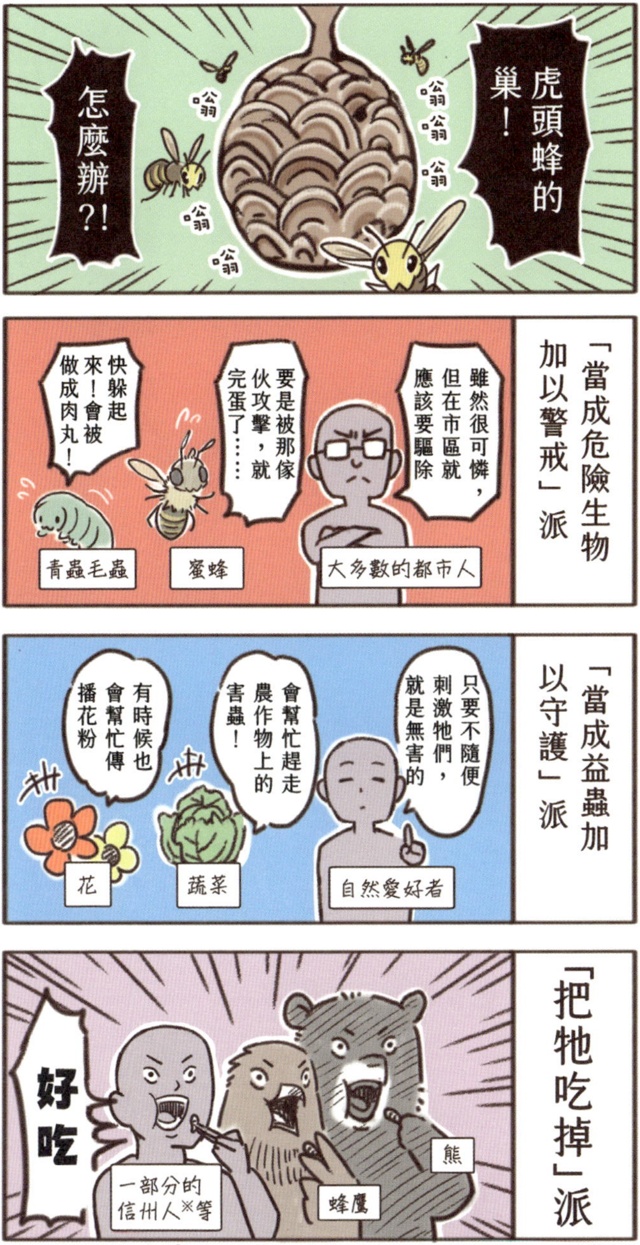

第一格：
- 虎頭蜂的巢！
- 怎麼辦?!
- 嗡嗡嗡嗡嗡

第二格：「當成危險生物加以警戒」派
- 雖然很可憐，但在市區就應該要驅除
- 要是被那傢伙攻擊，就完蛋了……
- 快躲起來！會被做成肉丸！
- 青蟲毛蟲
- 蜜蜂
- 大多數的都市人

第三格：「當成益蟲加以守護」派
- 只要不隨便刺激牠們，就是無害的
- 會幫忙趕走農作物上的害蟲！
- 有時候也會幫忙傳播花粉
- 花
- 蔬菜
- 自然愛好者

第四格：「把牠吃掉」派
- 好吃
- 一部分的信州人※等
- 蜂鷹
- 熊

89　主要是細黃胡蜂→　　※譯註：信州是現在的日本長野縣一帶，自古以來就有吃昆蟲的習慣

鼴鼠到地上的時候

鼴雄,你要離開巢穴了吧?

沒錯,我也要有自己的領域生活呢

耶!我到地面了!

砰叩

冒險即將開始!

美維維維...

許多種動物會將長大的幼仔從領域中趕出去,鼴鼠就是其中之一

為什麼沒辦法挖掘呢? ??

挖挖

首先到這邊去看看嗎

車車

嗚哇!危險!

這時常會被天敵捕食或遭遇交通事故,非常**危險**

※鼴鼠的視力很差,幾乎看不見

該怎麼形容才好 之一

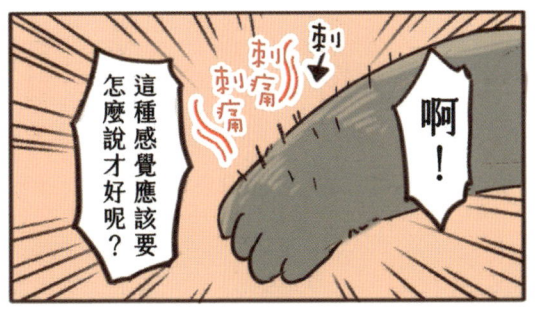

啊！
刺
刺痛
刺痛
刺痛
這種感覺應該要怎麼說才好呢？

被蕁麻刺到的時候
刺痛
刺痛
刺痛
又痛又癢！
怎麼這樣…啊…！

沒有可以形容的詞！
壓力好大，有一股沒地方發洩的怒氣…
好煩躁啊！

形容詞
焦躁、惱怒
事情沒有預期中的順利，或是有不愉快的事情導致神經緊張

火醋躁、惱怒

咬人貓
蕁麻科蕁麻屬

在日本各地很常見的多年生草本植物

在莖和葉上都有**毒刺**

※咬人貓的日文名稱帶有焦躁、惱怒之意，命名由來有各種說法

該怎麼形容才好 之二

嗯……

這個圖形應該要稱為什麼形呢？

不是正方形…

也不能說它是平行四邊形

可是,兩者很像…卻又跟

池塘

菱角

千屈菜科菱屬

池塘或沼澤中常見的水草

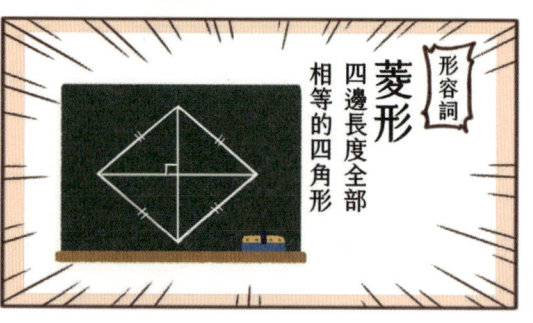

葉　　果實

葉子和果實都是菱形,因此稱為菱角

形容詞

菱形
四邊長度全部相等的四角形

是誰製作了炸蝦天婦羅？

最近常有這種東西掉落
這到底是什麼呢？
是啃咬那個硬硬東西後剩下來的嗎？

不是吧 有誰可以吃這麼硬的東西呢…
啪啦 啪啦
咦？
有東西從上面掉下來了

（註）松鼠

出現了…

松毬

松鼠會吃果鱗間的種子
↓
啃咬的痕跡很像**炸蝦天婦羅**

狸貓的告示牌

啊，是堆糞

公翁公翁

不同的狸貓會在同一個地方排糞

堆糞

這是狸貓的公共廁所兼告示牌

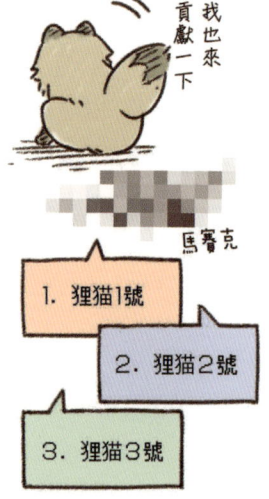

從別人的糞便，可以知道附近有什麼食物等資訊

哦～
聞聞
種子
原來這附近有柿子

我也來貢獻一下

馬賽克

裡面好像也混雜了奇怪的東西
橡皮筋
塑膠片
塑膠袋的碎片
在地上撿東西吃要小心呢

1. 狸貓1號
2. 狸貓2號
3. 狸貓3號

狸貓Ch.com

狸貓是雜食性動物，基本上什麼都吃

94

野生動物身上的病原菌

野生動物很可能帶著各種**病原菌**

狐狸身上的代表性物種是**棘球條蟲**

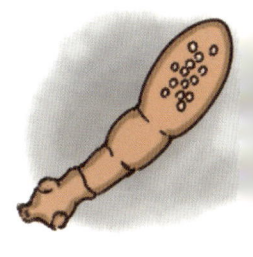

若蟲卵進入人體，在肝臟等地方發育，會對健康造成嚴重影響

狐狸可能帶有……
- 棘球條蟲（寄生蟲）
- 疥癬（寄生蟲）
- 鉤端螺旋體病（寄生蟲）
- 犬瘟熱（病毒）
- 狂犬病（病毒）
- 等……

※即使沒有直接感染給人類，有時也會傳染給家裡飼養的寵物犬

Column

什麼是人畜共通傳染病?

會傳染給動物也會傳染給人的疾病,會因病毒、細菌、寄生蟲等而引發,有些是從動物傳染給人,也有從人類傳染給動物。之前由於新冠肺炎盛行,近年來有加強警戒。此外,即使沒有遭受感染,人類和動物也有可能成為病原體的載體,或是有感染但沒有發病的帶原者。

野生動物

人

家畜或寵物

為了在野外活動,該做哪些預防?

關於野生動物與人類之間的人畜共通傳染病,最重要的是與動物之間保持距離。此外,就算人類沒有被直接感染,也有可能藉由家畜或寵物而傳染,所以在野外和城市間往來的時候,一定要記得洗手和消毒。

不接觸(餵食)野生動物

不隨便喝水塘的水

野菜要徹底清洗,最好是加熱再吃

危險的人畜共通傳染病

棘球條蟲病
由棘球條蟲引發的傳染病。在日本是以北狐這種狐狸的糞中蟲卵進入體內而感染的病例較多。潛伏期間很長,會引起嚴重的肝機能障礙。

禽流感
主要是由水鳥帶來A型流感病毒引發的傳染病。在日本雖然沒有確認從鳥→人的感染發病案例,但在其他國家有患者死亡,對畜產業的影響也很大。

狂犬病
狂犬病毒引發的傳染病,致死率極高。日本最後一次發生是在1956年,不過在世界各地,特別是亞洲地區現在還有不少患者死亡,仍是防治的重點。

SFTS
全名為發熱伴血小板減少綜合症,俗稱蜱蟲病。蜱身上帶有的病毒病原體,也會傳染給貓狗,若再被這些動物咬的話也很危險。

其他還有日本腦炎、E型肝炎、萊姆病、恙蟲病等……
日本以外地方還有伊波拉出血熱、瘧疾等可怕的傳染病

晚上在車站前大集合

白鶺鴒的夜棲點

牠們在傍晚會到車站前大集合，常令人感到驚訝

由於站前的天敵很少，能夠安心睡覺休息

- 聖誕節快到了嗎？
- 行道樹變得好華麗啊～
- 閃亮閃亮
- 白白的是裝飾嗎？
- 裝了好多呢～
- 咦？
- 欸？仔細看看，那是…
- 啪搭
- 這是什麼？
- 鳥嗎？
- 在這種地方？
- 啾啾啾
- 啾啾

98

冬 Winter

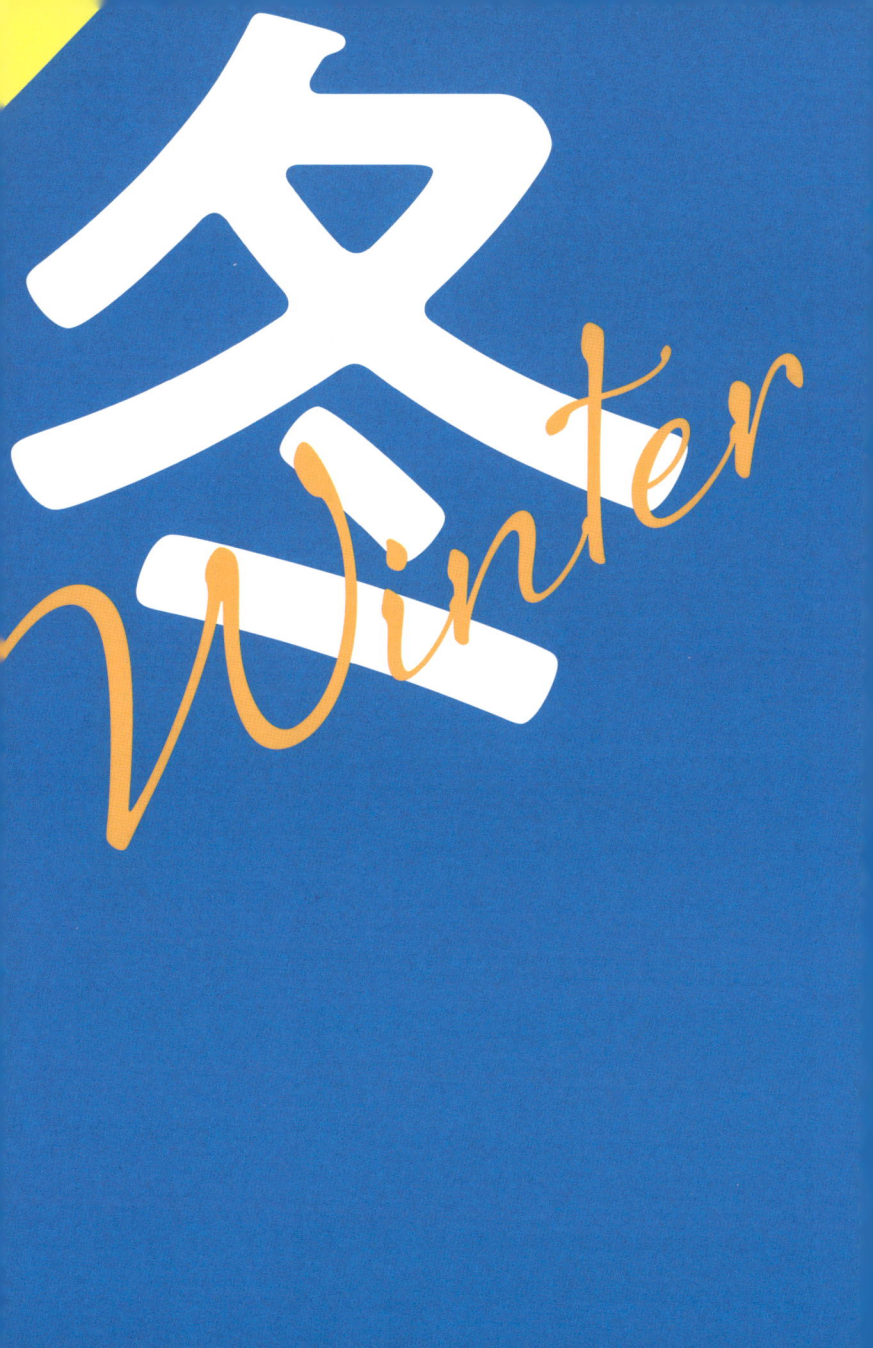

嚴重掉毛的原因

疥蟎

狸貓身上的蟎會造成**疥癬症**

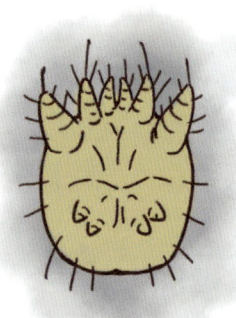

蜱蟎會鑽到皮膚裡導致**掉毛**

※有時光是接觸，就會傳染給其他動物

100

直徑4cm的春天 之一

嗚嗚，太冷了，沒有力氣…

咦？

長尾管蚜蠅

喂！

你在做什麼？

這朵花裡面像「春天」一樣很暖和呢～

啊？

你在說什麼？

像這樣很普通的花，裡面怎麼可能會是暖的…

?!

暖洋洋～

Ho— Hokekyo—

福壽草
毛茛科側金盞花屬

在很冷的冬天最早開花的植物

以衛星小耳朵天線（拋物面天線）般的花來收集太陽光

花剛開的時還沒有葉子↓

有時花的內部比外面氣溫還要高 **10℃** 左右

直徑4cm的春天 之二

春天?!
喀哩—
呵哈—是幻覺嗎…
好像,有什麼聲音呢?
…聽得…見嗎?

聽得…見嗎…
我是…福壽草…
搬運…花粉…搬運…

不知道什麼時候黏到身體上
啊
對的!就是這樣…

好好吃
舔小舔小
幫我搬運

長尾管蚜蠅喜歡花粉

花朵會配合太陽的方位,慢慢改變方向

上午

下午

雖然沒有花蜜,卻是以溫暖來引誘昆蟲,讓牠們幫忙傳遞花粉

直徑4cm的春天 之三

既有花粉，又很暖和，乾脆明天和後天也都在這裡待著～

滾來滾去

那個～喂喂～

咦？你…仔細看了以後…欸？你…雖然剛剛沒有注意到…

已經變得很暖了吧～

♀ ♂

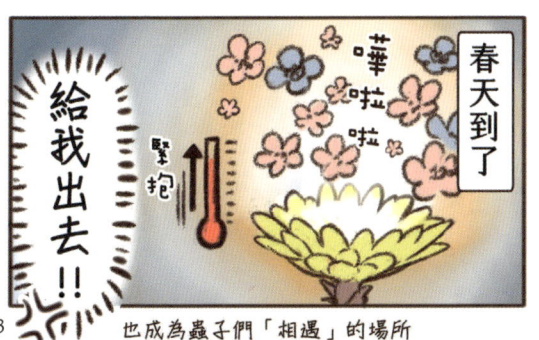

……

春天到了

嘩啦啦

緊抱

給我出去!!

也成爲蟲子們「相遇」的場所

有許多在冬天繼續活動的小動物們，會爲了取暖而造訪福壽草

蠅類

管蚜蠅類

蜜蜂

比較大的動物常被拍攝

咔嚓 咔嚓

在遷徙前聯誼⋯之一

2月

日本的冬天很舒適呢

暖和 暖和

小鴨子啊,還那麼悠哉啊!

在返回北國之前,明明沒有特別要做的事情??

不、不,有吧!在回去前要做的事

哎呀,不過可能已經太晚了

？？

啊 ♡

雁鴨類（冬候鳥）在北返之前,也就是還在日本的時候,就已經找到了配偶

產卵、育雛

遷徙 ↑ 遷徙

越冬、形成配對

104

在遷徙前聯誼…之二

啊，雌性！
糟糕了 糟糕了 糟糕了

要一決勝負嗎？
喂！
我求之不得
等一下，吵架是不好的喔

舞蹈戰鬥

在公園也看得到！
雄性的各種求偶展示

包圍

※雁鴨一般是以雄性較多

抬頭挺胸

拍水鳴叫

在遷徙前聯誼…之三

前輩！我總算找到老婆了

哦～太好了…咦？

咦？怎麼好像跟我們不太一樣…咦咦？

真的太好了，對吧～

隔年

有雜種雁鴨～

完

在雁鴨中比較容易**雜交**的類群

綠頭鴨 × 花嘴鴨 ？

葡萄胸鴨 × 赤頸鴨 ？

小水鴨 × 小水鴨美洲亞種 ？

※和家禽（鴨子等）混血雜交的也很多

寒冷時大家都會鼓起來

冬天不只有麻雀變得圓滾滾，大多數的鳥類也都會把羽毛鼓起來取暖

圓滾滾的棕耳鵯…

完全像鴿子

秘技！圓滾滾綠繡眼

哈哈哈 好鼓好鼓喔 簡直就像是另一種鳥

咻

毛茸茸

碎碎念… 我明明在睡覺… 真吵啊…

啊，鴿子大哥近來好嗎

啊？

你叫誰鴿子？

↑棕耳鵯

咻 咻

綠繡眼會怕棕耳鵯

帥氣到不行的土壤生物

這則漫畫原本刊載於「日本自然保護協會」會報

冬天都沒有生物，好無聊～

怎麼會沒有

比如說，在秋天時堆積了許多的落葉下方…

啾嗚嗚

哇—

好帥喔！

不論是小孩或大人都很驚喜！

日本擬蠍

冬天時經常可以在雜木林的落葉下，看到普通種擬蠍

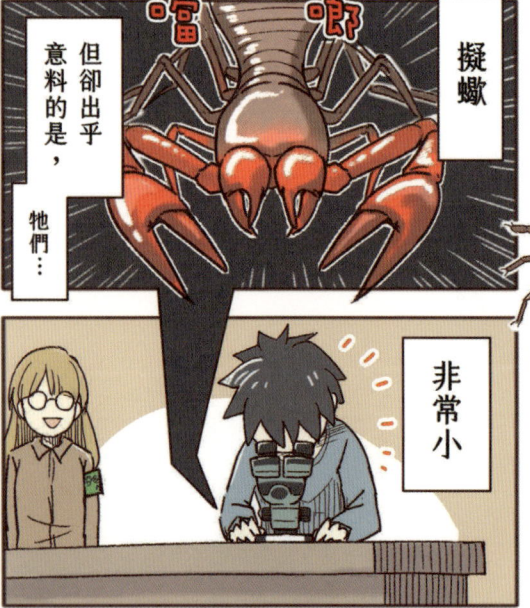

擬蠍

噹 嘟

但卻出乎意料的是，牠們…

像螃蟹一樣有很大的螯※

非常小

※譯註：日本擬蠍直譯為紅角蟹蟲

108

生命很短 談個戀愛 冬尺蛾

這則漫畫原本刊載於「日本自然保護協會」會報

咻嗚嗚

冬天的夜晚好冷喔～

以成蟲越冬的黃瓢蟲

咦?

嗨喲嗨喲

你是誰？在這麼冷的時候，居然還能夠活動

我雖然是一種蛾，翅膀卻退化了，所以不容易散掉熱氣

沙尺蛾類

冬天的夜晚也沒有可怕的動物，

可怕的動物們
夜晚在睡覺(鳥)
冬天在冬眠(蝙蝠)

就算沒有翅膀也能夠安心交配呢！

吸管型的口器非常小

成蟲的壽命很短（1～2星期左右）

♂

但是我不會飛，所以要慢慢爬到容易被雄性看到的地方才行

黑忭 黑忭

真是辛苦啊……

♀

雌性會釋出費洛蒙，在醒目的場所等待雄性

冬天大家一起度過就不可怕 之一

混群

從秋天到冬天，跨越物種組合而成的鳥類同盟

要越冬了喔～

好的一！
↑實際上是不怎麼緊密的聯盟

雖然覓食的效率會提升，不過偶爾也會被從旁攔截

↑私房「錢」

第一格：
冬天的食物很少，好餓喔…
咕嘰嘰
你要不要加入我們的團隊？
綠繡眼

第二格：
大家一起找，會比較容易找到喔
東張西望
原來如此，那還真不錯呢
嘿嘿嘿…

第三格：
假如有看起來很可口的樹實，我就要從旁攔截
找到食物了喔！

第四格：
咕嚕咕嚕
吱吱
綠繡眼的喙部和舌頭→ 容易吸食花蜜

冬天大家一起度過就不可怕 之二

由於耳目增加了，就能盡早發現敵人

因此覓食的效率會提高
冬天的天敵有老鷹跟伯勞等

看到這些臉，就發出警戒聲「嗶」！

Column

混群的瘋狂成員們

據說當食物很少或氣候條件嚴酷時,就會有很多鳥兒會混群。牠們不是固定的,而是進進出出,相當自由。

跟我來吧!

煤山雀
在山雀中體型最小

雜色山雀
擅長儲食的棕色山雀類

長尾山雀
經常成為鳥群先鋒的特技演員

綠繡眼
由於有細長的喙部及舌頭,也能吸食花蜜

等等啊~

日本小啄木
後來才跟著來的啄木鳥

白頰山雀
胸前有領帶,是山雀中的普通種

茶腹鳾
擅長倒著走的忍者鳥

療癒力量

以群體緩慢移動

有時會因海拔標高或季節而加入的成員們

褐頭山雀
貝雷帽是辨識特徵

戴菊鳥
日本最小的鳥類,頭上戴著菊花

人類
混群鳥類飛過時,感到很幸福

冠羽柳鶯
眼睛上方有一條白線

紫綬帶
日文名「三光鳥」,因為叫聲聽起來像日文中的月、日、星三光

你的名字是?

啊
喀噠
有狸貓!
好可愛!

咦?
不對…
真的是狸貓嗎?
這麼說來,臉跟狸貓有點不一樣…

就是那個,記得嗎?
名字有個熊字,卻又不是熊的那個
那個
ㄏ
ㄏㄨ
ㄏㄨㄢ…

獾!

亞洲獾
食肉目貂科

和狸貓及狐狸並列為里山的代表性中型哺乳類…但是

很多人不知道牠們

有擅長挖洞的爪子

※譯註:
獾的日文直譯是穴熊

啄木鳥的可達範圍很長

敲打樹木尋找蟲子所在地

咚咚咚咚 咚咚 咚咚

發現可疑的空洞

往內部挖掘

嘟哩 嘟哩 嘟哩

糟糕糟糕 快往裡面逃

贏了！

逃到這裡應該就安全了吧…

…

唂哩

？！

吃掉

日本小啄木

鴷形目啄木鳥科

生活周遭最常見的小型啄木鳥

啄木鳥類的舌頭很長，平時像捲起來般收納在頭骨之中

舌頭前端是刷狀

114

翠鳥不是只有藍色

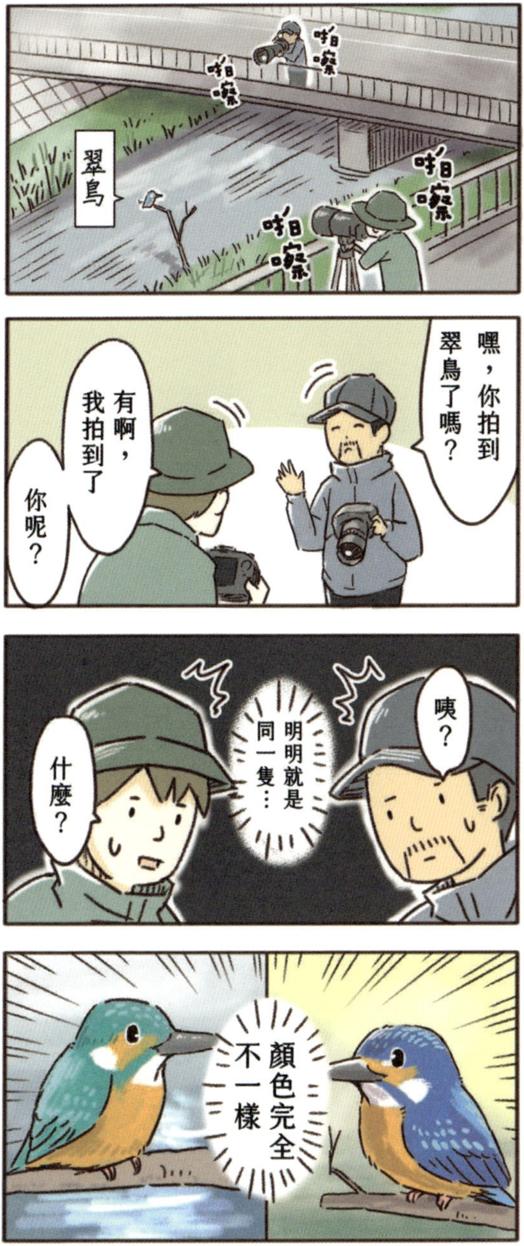

雖然翠鳥以藍色的鳥類知名，但其實光線的角度不同，羽毛會呈現藍或綠

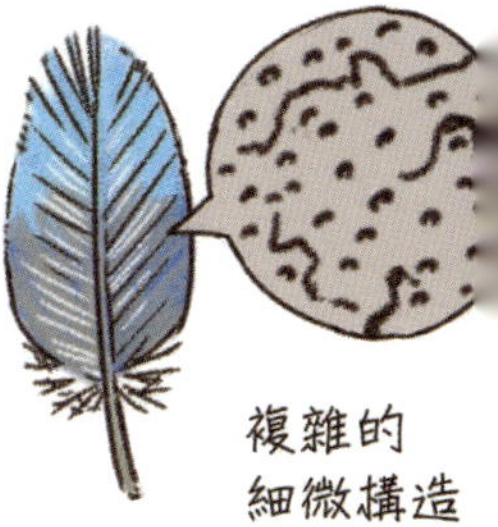

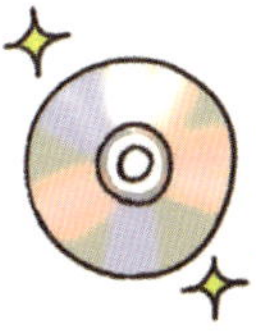

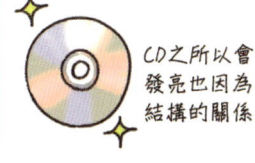

附錄 翠鳥要靠「耳朵」發現！

翠鳥現在已經不是珍稀鳥類，在都市的水渠也能夠看見

但由於體型小，大部分的人可能都沒有注意到

尋找的秘訣在於「聲音」

聽起來有點像是腳踏車的煞車聲——

只要記得這樣的聲音，應該就會很容易發現

在網站上檢索，應該馬上就能找到牠們的叫聲

但是有人會把煞車聲做負面的聯想……

嘰嘰咭——！

這是聯想能力的問題嗎…？

當人工池的年歲大了之一

某處都市裡的生態池

建造20年
轟隆轟隆轟隆

青鱂魚：冒出來～
草魚：幾乎沒有藏身之處，完全無法安心呢…

嗚哇—！要被吃掉了…
…咦？
狼吞虎嚥
水草好吃

打嗝～
得救了～

人工池基本上只要沒有管理維護，環境就會逐漸惡化

堆積汙泥

外來種入侵

違法丟棄垃圾

…等等

當人工池的年歲大了 之二

改善池塘環境

把水放乾,以便檢查池底及採集食材(魚)。

人工池每隔一段時間就要管理

※通常是在生物活動比較不頻繁的冬天進行

當人工池的年歲大了 之三

池塘的水好像被放乾了

只要待在泥裡面就沒問題 呵呵呵

鑽進泥裡的美國螯蝦

池塘底部有許多水草的種子在沉睡

↓↓↓光 種

只要把池塘的水放乾，改善環境，它們就有可能會發芽

所以

把水放掉撈取汙泥，對維護人工池生態很重要

嘶

啊，有美國螯蝦

颯

留下什麼，又除掉什麼？

美國螯蝦雖然很受孩子們歡迎，但卻對生態帶來破壞

吃掉水草 ↓

天啊！天啊！

即使池塘乾了受到日照，牠們也會鑽進泥巴裡，很難驅除

※不放進去才最重要

※這種維護人工池的方法，對保護生態平衡相當有意義，有興趣的朋友可再查詢資料深入了解！

Column

為什麼需要把池塘的水放乾？

現在受到電視報導的影響，一般民眾比較注重在驅除外來種，但傳統的農業用貯水池，它的維護管理方式可以保護生態平衡，也是很重要的方法之一。主要是在農閒期間把水放掉，檢查池底及水池周圍，清理之後再注水，可以改善水質，也可以藉此收穫一些魚類當成食物。

近年來，人工池的整理幾乎不再放乾池水，然而除了農業用的貯水池，日本全國的公園水池、生態池等都有水質惡化、外來種入侵等問題。所以最近開始有人參考傳統手法，在各地進行放乾水池的作業，希望對生態平衡能有幫助。

被棄置的池塘問題

護堤崩壞　　　　　　　　　　　　　　　　　　　水草消失

水質汙濁

外來種入侵　　　　　　　　　垃圾丟棄

汙泥堆積

這些因素重疊在一起，導致生物多樣性被破壞

不要插手大自然比較好，這個原則基本上是指原生大自然，但是由人類建造的自然環境，還是必須要經由人手來定期管理。

在人類的周遭有許多野生生物

很多動物棲息在人很多的都市，人類通常不會對大自然很友善

噗嚕嚕……

嗚嗚……好冷……
搖搖晃晃
肚子餓了

硑咚

隔年春天

…這裡是…堆糞場？

那個傢伙殘留的痕跡

馬賽克

只要把「這個」留下來

也能夠成為各種生物的養分

狸貓……

那個傢伙曾經活過的事實

就有意義了

開花狸貓※

※譯註：取材於日本民間故事《開花爺爺》

嗚哇
我變成鬼了嗎?!
我還活著呢...

我醒過來以後，發現被帶到陌生的地方治療...
然後還「順便」一連禿毛的地方都治好了

植物之所以會有可口的果肉，是為了要讓動物搬運它們

嘶……
啪
太好了～

你為什麼逃走?
……因為我有不好的預感

有研究結果表示，有些植物被動物吃掉之後的發芽率會變得更好

只要植物增加，
動物就會增加
而動物增加，
植物也會增加

等等我啊～

關於傷病鳥獸救傷

因人類活動而受傷的野生動物稱為傷病鳥獸。現在有一些公家及民間的救傷團體，如果發現傷病鳥獸，可以上網查詢最近的相關團體，跟他們聯絡請問後續的救傷事宜。

不需要特別救傷的情況

- 因自然情況受傷
- 屬於外來入侵種或必須驅除的對象

許多並非救傷對象的動物，被熱心的民眾送來治療。但因為相關單位的救傷人員都是志工，沒有辦法處理太多非救傷的動物。這一點請大家體諒，並且對於自然生態要有一定的概念與認識，同時也要對救傷單位懷抱敬意。

索引

3畫
土筆	12,13
大杜鵑	28
大蜂虻	14,15
小水鴨	112
小環頸鴴	49

4畫
文蛤	23
日本小啄木	112,114
日本山蛭	76,77
日本狐狸	95
日本擬蠍	108
日本鰻鱺	58,59,60,61,62
水熊蟲	32,33,34

5畫
白頰山雀	112
白鶺鴒	70,98

6畫
在山野繞在人的臉周圍飛來飛去的小蟲的總稱	57
竹筍	19

7畫
沙尺蛾亞科	109

8畫
	113
亞洲獾	27
刻葉紫菫	74
夜鷺	19
孟宗竹	79
東亞飛蝗	93
松鼠科	71,72,73
狗尾草	47
玫瑰捲葉象鼻蟲	28
金背鳩	17,18,111,112
長尾山雀	88
長腳蜂屬	

9畫
冠羽柳鶯	112
柿	80,81
疥蟎	100
紅頭伯勞	111
胡蜂科	89

10畫
家燕	11
竿蛭屬	42,43
紋白蝶	9
紋黃蝶	31
茶腹鳾	112,114
草鵐	36

11畫
問荊（木賊屬）	12,13
彩鷸	28
梅	16
麻雀	71,72,73

12畫
棕耳鵯	107
棕扇尾鶯	28
硬蜱科	75,77
紫花地丁	27
紫花菫菜	27
紫綬帶	112
菱角	62
菽草，又稱為白花三葉草	29
象鼻蟲屬	85
酢漿草	30
雁鴨	104,105,106,118

13畫
圓齒野芝麻	27
圓臀大水黽	44,45,46
煤山雀	112
貂，貍	94,124
福壽草	101,102,103

14畫
熊蜂	21
綠蓑鷺	65,66,67
綠繡眼	16,50,80,107,110,112

綬草	35
翠鳥	55,56,115,116
蒲公英屬	8
蒼鷹	51
蒼鷺	48
蜜蜂屬	78
蜻蜓科	54,55,56
蝸牛	38,39,40,41

16畫
歐亞雲雀	20
橡實裡的蟲	84,85,86,87
蕁麻，咬人貓	91
螞蟻	25,26,53

17畫
戴菊鳥	112
螳螂科	82,83

18畫
蟬科	63,64
鵝耳櫪葉槭	23,24
雜色山雀	12

19畫
藪蚤斯／東方蚤斯	10
蟋蟀	53

20畫
寶蓋草	27
鐵線蟲	82,83

21畫
櫻亞屬	16
鼴鼠科	90

23畫
鶲科	23,24

24畫
鷺科	68,118

國家圖書館出版品預行編目(CIP)資料

野生動物搞笑日常 3, 原來牠們這樣生活！用 4 格漫畫觀察四季生態 = Wildlife / 一日一種作；張東君翻譯. -- 第一版. -- 新北市：人人出版股份有限公司, 2025.08
　面；　公分
ISBN 978-986-461-454-7(平裝)

1.CST: 動物學 2.CST: 動物生態學 3.CST: 漫畫

380　　　　　　　　　　　　　　　　　114008852

野生動物搞笑日常 3
原來牠們這樣生活！用4格漫畫觀察四季生態

作　　者	一日一種
翻　　譯	張東君
特約編輯	吳立萍
排　　版	沈怡如
發 行 人	周元白
出 版 者	人人出版股份有限公司
地　　址	231028 新北市新店區寶橋路 235 巷 6 弄 6 號 7 樓
電　　話	(02)2918-3366（代表號）
傳　　真	(02)2914-0000
網　　址	www.jjp.com.tw
郵政劃撥帳號	16402311 人人出版股份有限公司
製版印刷	長城製版印刷股份有限公司
電　　話	(02)2918-3366（代表號）
香港經銷商	一代匯集
電　　話	(852) 2783-8102
第一版第一刷	2025 年 8 月
定　　價	新台幣 280 元

WILD LIFE! 3

© Ichinichi-isshu 2023
Originally published in Japan in 2023 by Yama-Kei Publishers Co.,Ltd.,TOKYO.
Traditional Chinese Characters translation rights arranged with Yama-Kei Publishers Co.,Ltd.,TOKYO, through TOHAN CORPORATION, TOKYO and KEIO CULTURAL ENTERPRISE CO.,LTD., NEW TAIPEI CITY.

● 著作權所有 翻印必究 ●